SICHUANSHENG GONGCHENG JIANSHE BIAOZHUN SHEJI

四川省工程建设标准设计

瓷砖饰面发泡硅酸盐水泥保温板构造

四川省建筑标准设计办公室

U0229747

图集号　川15J115-TJ

西南交通大学出版社
·成都·

图书在版编目（ＣＩＰ）数据

瓷砖饰面发泡硅酸盐水泥保温板构造／四川观堂建筑工程设计股份有限公司主编. —成都：西南交通大学出版社，2015.9

ISBN 978-7-5643-4270-8

Ⅰ. ①瓷… Ⅱ. ①四… Ⅲ. ①硅酸盐水泥－保温板－构造 Ⅳ. ①TB35

中国版本图书馆 CIP 数据核字（2015）第 209477 号

责 任 编 辑　李芳芳
封 面 设 计　何东琳设计工作室

瓷砖饰面发泡硅酸盐水泥保温板构造

主编单位　四川观堂建筑工程设计股份有限公司

出 版 发 行	西南交通大学出版社 （四川省成都市金牛区交大路 146 号）
发 行 部 电 话	028-87600564　028-87600533
邮 政 编 码	610031
网 址	http://www.xnjdcbs.com
印 刷	成都中铁二局永经堂印务有限责任公司
成 品 尺 寸	260 mm × 185 mm
印 张	1.5
字 数	36 千
版 次	2015 年 9 月第 1 版
印 次	2015 年 9 月第 1 次
书 号	ISBN 978-7-5643-4270-8
定 价	16.00 元

四川省住房和城乡建设厅

川建勘设科发〔2015〕519号

四川省住房和城乡建设厅关于发布《瓷砖饰面发泡硅酸盐水泥保温板构造》四川省建筑标准设计推荐性图集的通知

各市(州)及扩权试点县(市)住房城乡建设行政主管部门：

由四川省建筑标准设计办公室组织、四川观堂建筑工程设计股份有限公司主编的《瓷砖饰面发泡硅酸盐水泥保温板构造》图集，经我厅组织审查，批准为四川省建筑标准设计推荐性图集，图集编号为川15J115-TJ，自2015年9月1日起施行。

该图集由四川省住房和城乡建设厅负责管理，四川观堂建筑工程设计股份有限公司负责具体解释工作，四川省建筑标准设计办公室负责出版、发行工作。

特此通知。

二〇一五年七月十七日

主题词：城乡建设　建筑标准　设计　通知

抄送：各工程勘察设计单位

四川省住房和城乡建设厅办公室　　　　　　　　　　　　　2015年7月17日　印

瓷砖饰面发泡硅酸盐水泥保温板构造

批准部门：四川省住房和城乡建设厅
主编单位：四川观堂建筑工程设计股份有限公司
参编单位：绵阳市科成建材有限责任公司

批准文号：川建勘设科发〔2015〕519号
图 集 号：川15J115-TJ
实施日期：2015年9月1日起实施

主编单位负责人：

主编单位技术负责人：

技 术 审 定 人：

设 计 负 责 人：

目　录

目 录						图集号	川15J115-TJ
审核	廖莎	校对	杨容	设计	何玲玲	页 次	1

编 制 说 明

1 编制依据

《民用建筑热工设计规范》	GB50176-93
《公共建筑节能设计标准》	GB50189-2005
《建筑装饰装修工程质量验收规范》	GB50210-2001
《建筑工程施工质量验收统一标准》	GB50300-2013
《建筑节能工程施工质量验收规范》	GB50411-2007
《夏热冬冷地区居住建筑节能设计标准》	JGJ134-2010
《外墙外保温工程技术规程》	JGJ144-2004
《外墙饰面砖工程施工及验收规程》	JGJ126-2015
《既有居住建筑节能改造技术规程》	JGJ/T129-2012
《轻骨料混凝土技术规程》	JGJ 51-2002
《砂浆、混凝土防水剂》	JC 474-2008
《膨胀聚苯板薄抹灰外墙外保温系统》	JG 149-2003
《四川省居住建筑节能设计标准》	DB51/50272012
《保温装饰复合板应用技术规程》	DBJ51/T025-2014

2 适用范围

2.1 本图集适用于夏热冬冷地区的新建、改建、扩建和节能改造的居住建筑和公共建筑的围护结构保温节能工程，其抗震设防烈度在8度及8度以下的地区。

2.2 本图集可用于墙体外保温装饰、防火隔离带保温隔热节能工程。

2.3 本图集适用于多种墙体基材，如：钢筋混凝土、混凝土空心砌块、空心砖、烧结页岩多孔砖、烧结页岩空心砖、加气混凝土砌块、蒸压灰砂砖等墙体。

3 构成、规格及特点

3.1 构成：瓷砖饰面发泡硅酸盐水泥保温板（以下简称水泥保温板）以硅酸盐水泥，粉煤灰以及复合添加剂为主要材料，经发泡、养护、切割成符合设计要求的硅酸盐保温板，复合抗裂增强层，预埋防腐安装网，然后粘贴饰面砖而形成。

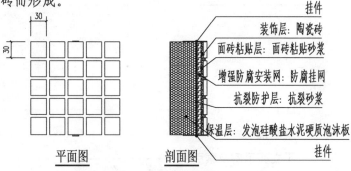

图1 瓷砖饰面发泡硅酸盐水泥保温系统构造图

3.2 外观质量

水泥保温板的外观质量应符合表3.1要求

表3.1

项　　目		指　　标
表面状况		平整、无裂纹，色泽一致，陶瓷薄砖表面不应有划伤等缺陷
缺棱、缺角 （硅酸盐保温）	长度(mm)	≤20
	个数	≤3

编 制 说 明						图集号	川15J115-TJ
审核	廖莎	校对	杨容	设计	何玲玲	页次	2

3.3 规格尺寸及允差

水泥保温板的规格尺寸及允差应符合表3.2要求

表3.2 （单位 mm）

项　　目	指　　标
长度	295±2
宽度	295±2
表面平整度	≤4
对角线差	≤2
厚度（水泥保温板）	0，+2
注：水泥保温板的厚度由建筑节能设计确定，不小于30mm.	

3.4 特点

3.4.1 无机保温材料，燃烧性能达到A级。

3.4.2 集保温与装饰于一体，具有较好的防水性和抗裂性能。

3.4.3 工厂预制、工业化生产，质量更有保障。

3.4.4 施工简便快捷，一次性完成保温和装饰施工，降低工程成本。

4 技术性能指标

4.1 发泡硅酸盐水泥硬性泡沫板性能指标见表4.1

表4.1

序　号	项目名称	单　位	技术指标
1	干密度	kg/m^3	≤290
2	导热系数	W/m·K	≤0.07
3	抗压强度	MPa	≥0.40
4	垂直于板面方向的抗拉强度	MPa	≥0.10
5	蓄热系数	W/m^2·K	≥1.20
6	软化系数		≥0.70
7	吸水率	%	≤12
8	干燥收缩率	%	≤0.80

4.2 粘结剂性能指标见表4.2

表4.2

项　　目		性能指标
拉伸粘结强度,MPa（与水泥砂浆）	原强度	≥0.5
	耐水强度	≥0.4
拉伸粘结强度,MPa（与水泥保温板）	原强度	≥0.10
	耐水强度	≥0.10
可操作时间，h		1.5-4.0

4.3 水泥保温板性能指标见表4.3

表4.3

序 号	项目名称	单位	技术指标	
1	面密度	kg/m²	≤ 30	
2	垂直于板面方向的抗拉强度	MPa	≥ 0.10	
3	干燥收缩率	%	≤ 0.3	
4	吸水率	%	< 12	
5	饰面砖粘结强度	MPa	≥ 0.40	
6	放射性	I_{Ra} 内照射指数	≤ 1.0	
		I_{γ} 外照射指数	≤ 1.0	
7	燃烧性能级别		A级	

4.4 挂件主要性能除符合以下要求外尚应符合表4.4的要求

4.4.1 挂件所使用的金属螺钉其他附属构件均应采用不锈钢或经过表面防腐处理的金属制成。

4.4.2 塑料膨胀管应采用聚酰胺、聚乙烯或聚丙烯制成，不应使用再生料。

4.4.3 挂件进入基层的有效锚固深度应不小于25mm，多孔砖砌体基层墙体、空心砌块基层墙体应采用通过摩擦和机械锁定承载的锚栓。

表4.4 挂件主要性能

项 目	性能指标
单个锚固件的抗拉承载力标准值（kN）	≥ 0.60
单个锚固件对系统传热的增加值[W/(m²·K)]	≤ 0.004

5 设计选用要点

5.1 选用本图集材料做外墙外保温装饰系统，不得更改系统构造和组成材料。

5.2 构造设计

5.2.1 水泥保温板应采用粘锚工艺与基层墙体连接固定。胶粘剂与墙面粘结可采用点框法和条粘法，并优先使用条粘法。

5.2.2 外保温系统女儿墙应设置混凝土压顶或金属板盖板，女儿墙压顶与水泥保温板之间的缝应采用密封胶嵌填密实。

5.2.3 门窗洞口部位、伸缩缝、沉降缝及变形缝等缝隙部位的处理，应保证其使用功能和饰面的完整性。

6 施工与验收

6.1 施工基本规定

6.1.1 外墙外保温装饰工程施工前，门窗洞口应通过验收，洞口尺寸、位置应符合设计和质量要求，门窗框或附窗应安装完毕。出墙面的金属配件、雨水管、空调机支架的预埋件、连接件和进户管线预留套管等均应安装完毕。

6.1.2 水泥保温板安装前应根据设计要求，结合墙面实际尺寸，编制排版图，并设置安装控制线，墙体上锚固件设置位置应正确。

		编制说明				图集号	川15J115-TJ
审核	廖莎	校对	杨容	设计	何玲玲	页次	4

6.1.3 水泥保温板外墙外保温工程施工前，应进行基层处理。基层应坚实、平整，表面应清洁无油污、脱模剂、浮尘等妨害粘结的附着物。

6.1.4 基层应按本规程6.1.3条要求进行处理。找平层与基层墙体的粘结强度应符合《抹灰砂浆技术规程》JGJ/T 220-2010 第7.0.10条的规定。

6.2 施工工艺

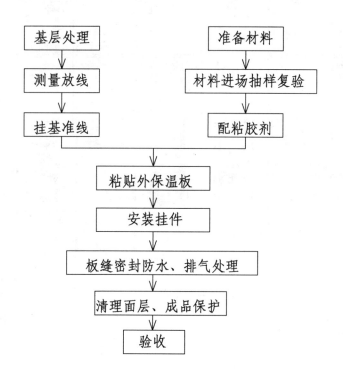

6.3 验收
水泥保温板装饰工程的施工质量验收，应符合《建筑节能工程施工质量验收规范》GB50411-2007和《四川省建筑节能工程质量验收规程》DB51/5033-2005的要求以及《建筑装饰装修工程质量验收规范》GB50210-2001中关于饰面板安装验收的标准。

7 其它

7.1 本图集尺寸以毫米(mm)为单位(编制说明除外)。

7.2 其余有关事项均应按照国家现行规范、标准执行设计。

7.3 当选用部分详图时：

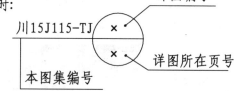

7.4 当选用整页详图时：

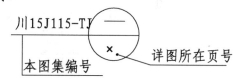

	编 制 说 明					图集号	川15J115-TJ
审核	廖 莎	校对	杨 容	设计	何玲玲	页次	5

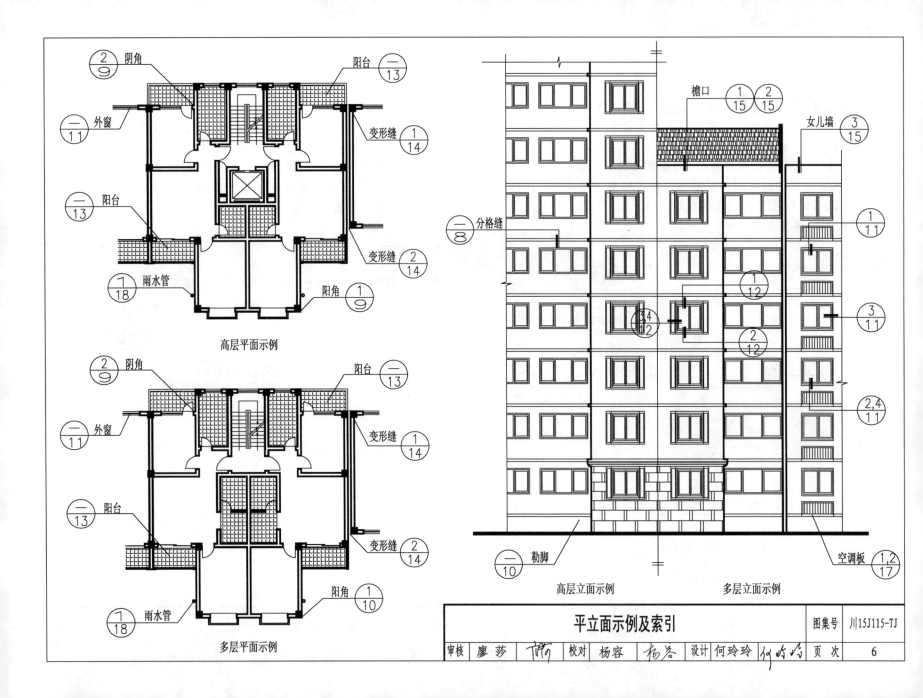

高层平面示例

多层平面示例

高层立面示例　　　　多层立面示例

平立面示例及索引

图集号　川15J115-TJ
审核　廖莎　校对　杨容　设计　何玲玲　页次　6

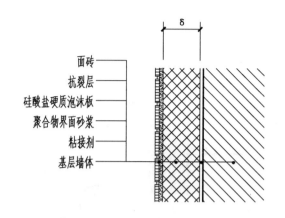

面砖
抗裂层
硅酸盐硬质泡沫板
聚合物界面砂浆
粘接剂
基层墙体

δ

① 水泥保温板构造图

铆钉锚入（钢筋混凝土）墙体不小于25mm
铆钉锚入（空心砖砌体）墙体不小于35mm

34.5

34.5

60

角钢

挂件

③ 锚固组

水泥保温板

挂件

角钢

② 水泥保温板安装图

说明：1. 保温隔热层厚度δ由单项工程设计确定。
2. 钢筋混凝土基层墙体刷聚合物界面砂浆.
3. 在完工后经检测保温层与基层墙体拉伸粘
结强度值应不小于国家规范规定要求值。

保温构造做法及安装图	图集号	川15J115-TJ
审核 廖 莎 校对 杨 容 设计 何玲玲	页 次	7

按窗口划分 Ⓐ

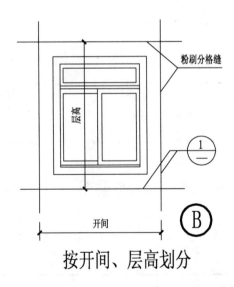

按开间、层高划分 Ⓑ

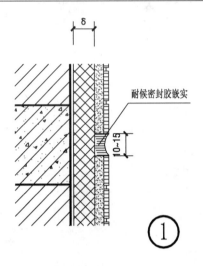

说明:
1.保温隔热层厚度δ由单项工程设计确定。
2.除钢筋混凝土基层墙体及部分光滑墙体外,
所有其它基层墙体都可直接抹灰,钢筋混凝土
基层墙体刷聚合物界面砂浆

外墙粉刷分格缝做法		图集号	川15J115-TJ
审核 廖 莎	校对 杨容	设计 何玲玲	页次 8

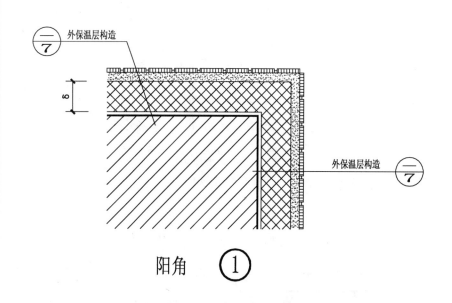

外保温层构造 $\dfrac{-}{7}$

外保温层构造 $\dfrac{-}{7}$

δ

阳角 ①

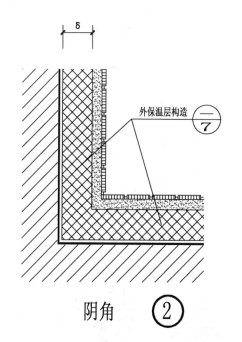

δ

外保温层构造 $\dfrac{-}{7}$

阴角 ②

说明:
  建筑物首层外墙阳角应加镀锌钢板护角,规格35X35X0.5,护角高2000mm。

外墙面阳角、阴角做法					图集号	川15J115-TJ
审核	廖莎	校对	杨容	设计	何玲玲	页次 9

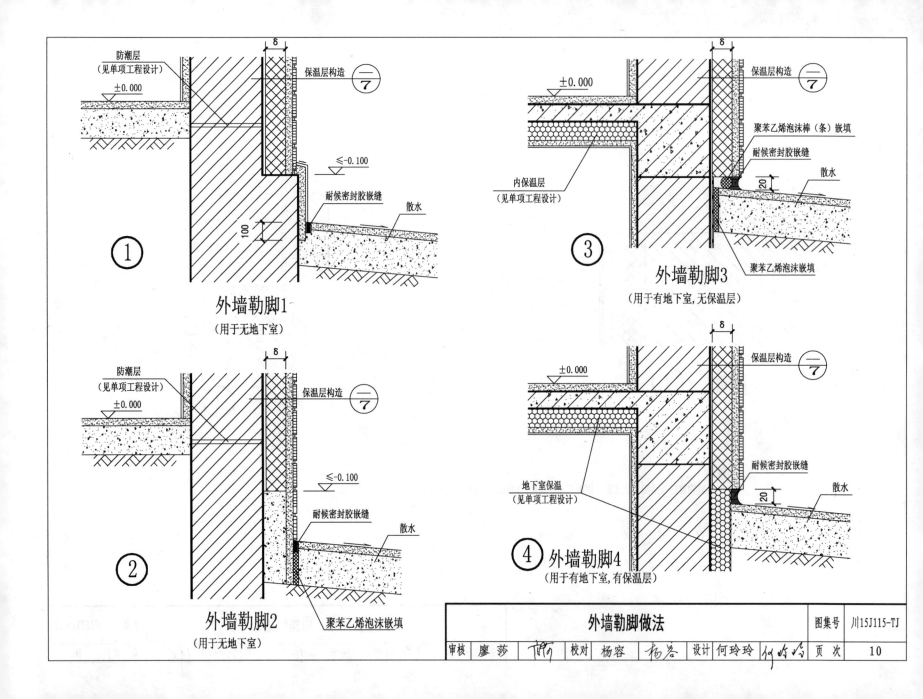

防潮层
（见单项工程设计）
±0.000
保温层构造 ⑦/⑦
≤-0.100
耐候密封胶嵌缝
散水
100

① 外墙勒脚1
（用于无地下室）

保温层构造 ⑦/⑦
±0.000
聚苯乙烯泡沫棒（条）嵌填
耐候密封胶嵌缝
散水
20
内保温层
（见单项工程设计）
聚苯乙烯泡沫嵌填

③ 外墙勒脚3
（用于有地下室,无保温层）

防潮层
（见单项工程设计）
±0.000
保温层构造 ⑦/⑦
≤-0.100
耐候密封胶嵌缝
散水

② 外墙勒脚2
（用于无地下室）
聚苯乙烯泡沫嵌填

±0.000
保温层构造 ⑦/⑦
耐候密封胶嵌缝
散水
20
地下室保温
（见单项工程设计）

④ 外墙勒脚4
（用于有地下室,有保温层）

外墙勒脚做法	图集号	川15J115-TJ
审核 廖莎　校对 杨容　设计 何玲玲	页次	10

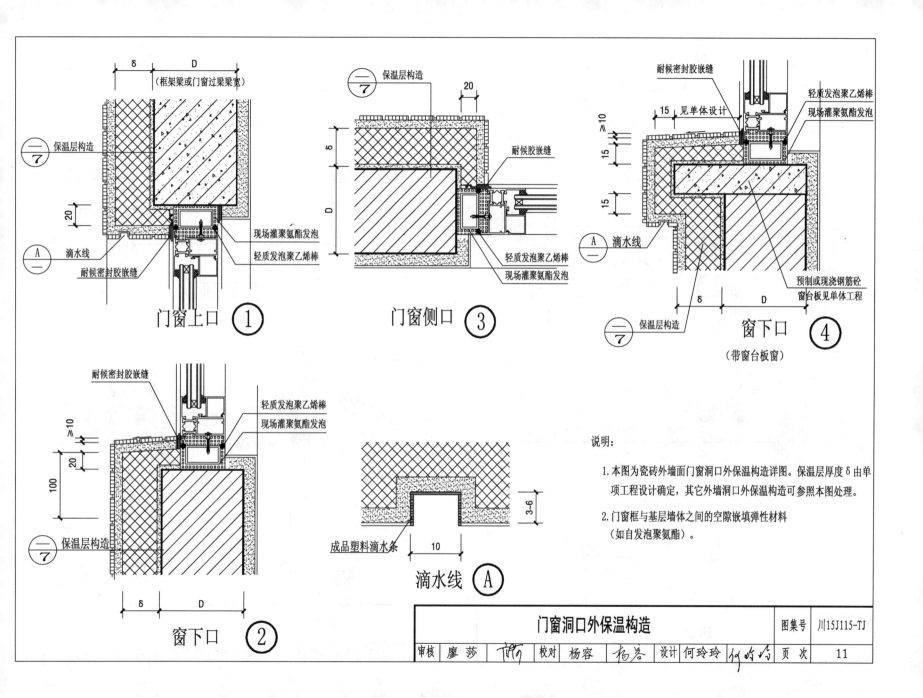

门窗上口 ①

δ
D
(框架梁或门窗过梁梁宽)
保温层构造 ⑦一
20
滴水线 Ⓐ
耐候密封胶嵌缝
现场灌聚氨酯发泡
轻质发泡聚乙烯棒

门窗侧口 ③

⑦一 保温层构造
20
δ
D
耐候胶嵌缝
轻质发泡聚乙烯棒
现场灌聚氨酯发泡

窗下口 ④ （带窗台板窗）

耐候密封胶嵌缝
15 见单体设计
≥10
15
15
轻质发泡聚乙烯棒
现场灌聚氨酯发泡
滴水线 Ⓐ
δ
D
预制或现浇钢筋砼
窗台板见单体工程
⑦一 保温层构造

窗下口 ②

耐候密封胶嵌缝
轻质发泡聚乙烯棒
现场灌聚氨酯发泡
≥10
20
100
⑦一 保温层构造
δ
D

滴水线 Ⓐ

成品塑料滴水条
10
3~6

说明:

1. 本图为瓷砖外墙面门窗洞口外保温构造详图。保温层厚度δ由单项工程设计确定,其它外墙洞口外保温构造可参照本图处理。

2. 门窗框与基层墙体之间的空隙嵌填弹性材料(如自发泡聚氨酯)。

门窗洞口外保温构造	图集号	川15J115-TJ

审核	廖莎	校对	杨容	设计	何玲玲	页次	11

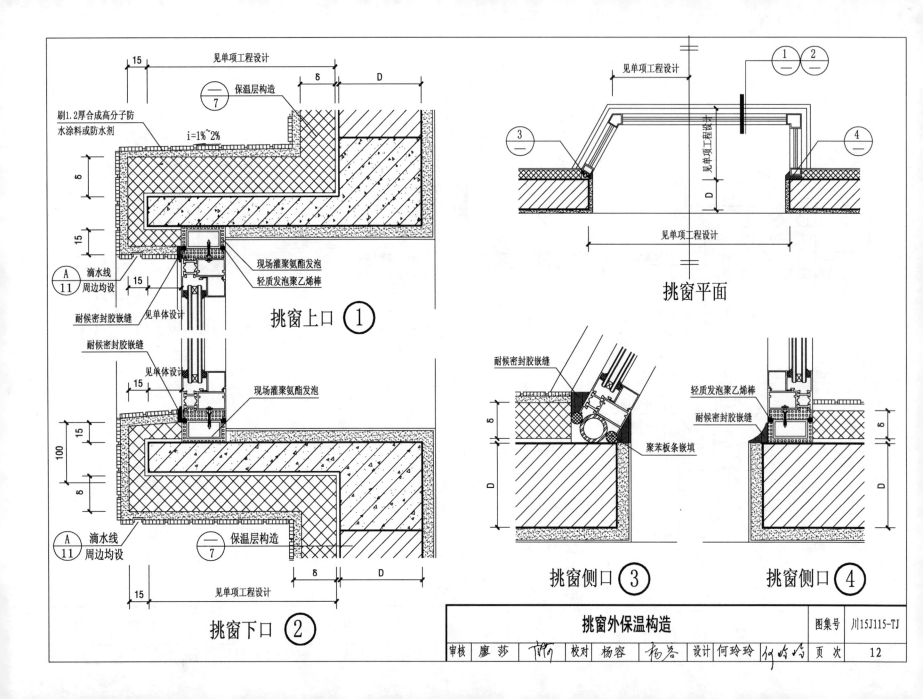

挑窗平面

见单项工程设计

保温层构造 ⑦/—

刷1.2厚合成高分子防水涂料或防水剂

i=1%~2%

δ

15

滴水线周边均设 Ⓐ/11

耐候密封胶嵌缝

见单体设计

现场灌聚氨酯发泡

轻质发泡聚乙烯棒

挑窗上口 ①

耐候密封胶嵌缝

见单体设计

现场灌聚氨酯发泡

15

100

δ

滴水线周边均设 Ⓐ/11

保温层构造 ⑦/—

见单项工程设计

挑窗下口 ②

耐候密封胶嵌缝

聚苯板条嵌填

挑窗侧口 ③

轻质发泡聚乙烯棒

耐候密封胶嵌缝

挑窗侧口 ④

挑窗外保温构造

图集号 川15J115-TJ

审核 廖莎　校对 杨容　设计 何玲玲　页次 12

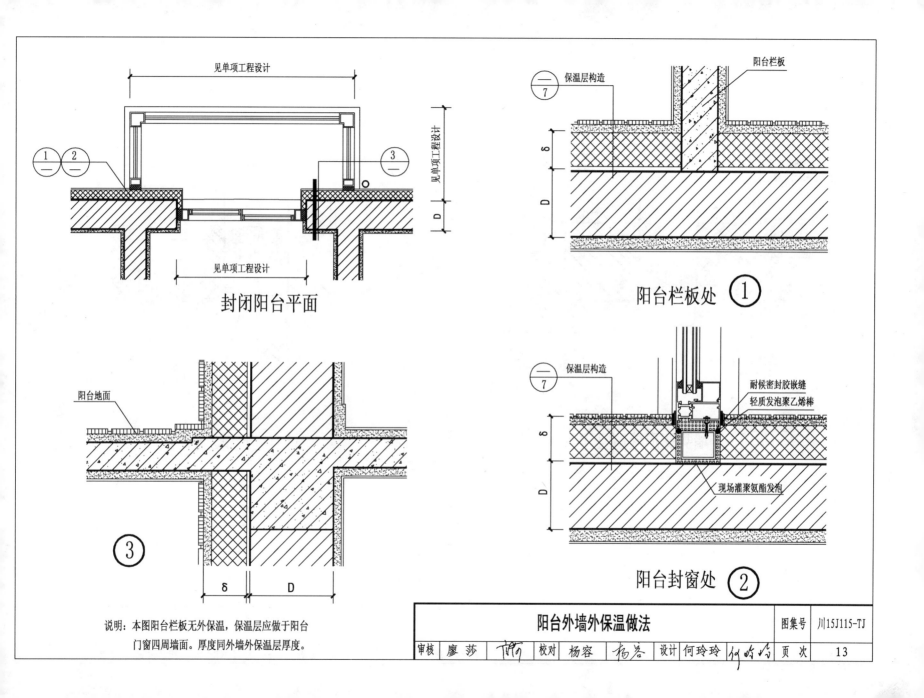

见单项工程设计

① ②

③

见单项工程设计

见单项工程设计

D

封闭阳台平面

阳台栏板

一7 保温层构造

δ

D

阳台栏板处 ①

阳台地面

③

δ D

一7 保温层构造

耐候密封胶嵌缝
轻质发泡聚乙烯棒

δ

D

现场灌聚氨酯发泡

阳台封窗处 ②

说明：本图阳台栏板无外保温，保温层应做于阳台
门窗四周墙面。厚度同外墙外保温层厚度。

阳台外墙外保温做法	图集号	川15J115-TJ
审核 廖莎　校对 杨容　设计 何玲玲	页次	13

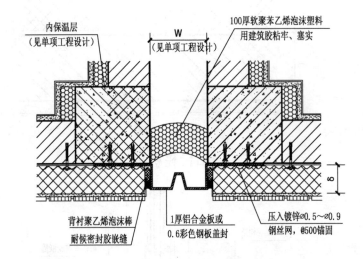

内保温层
(见单项工程设计)

100厚软聚苯乙烯泡沫塑料
用建筑胶粘牢、塞实

W
(见单项工程设计)

背衬聚乙烯泡沫棒
耐候密封胶嵌缝

1厚铝合金板或
0.6彩色钢板盖封

压入镀锌∅0.5～∅0.9
钢丝网,@500锚固

墙身变形缝1 ①

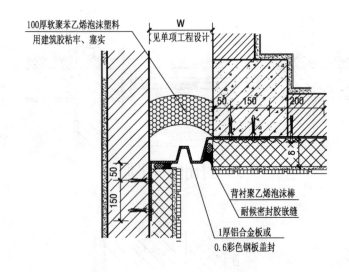

100厚软聚苯乙烯泡沫塑料
用建筑胶粘牢、塞实

W
(见单项工程设计)

50 150 200

背衬聚乙烯泡沫棒
耐候密封胶嵌缝

1厚铝合金板或
0.6彩色钢板盖封

墙身变形缝2 ②

墙身变形缝		图集号	川15J115-TJ
审核 廖 莎 校对 杨容 设计 何玲玲		页次	14

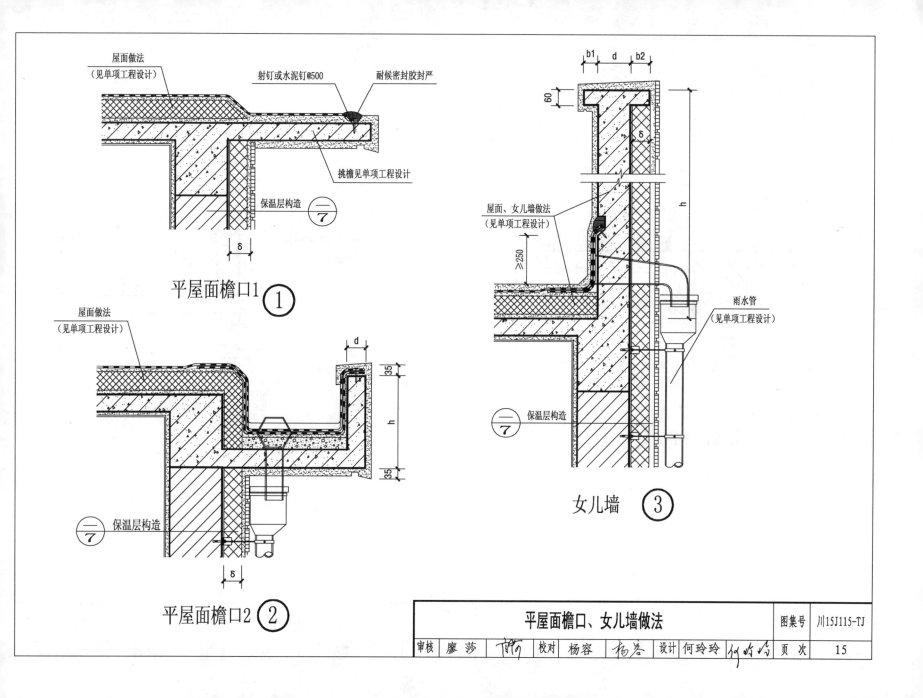

屋面做法
（见单项工程设计）

射钉或水泥钉@500

耐候密封胶封严

挑檐见单项工程设计

保温层构造 ⑦/一

平屋面檐口1 ①

屋面做法
（见单项工程设计）

d

35

h

35

保温层构造 ⑦/一

平屋面檐口2 ②

b1 d b2

60

δ

屋面、女儿墙做法
（见单项工程设计）

≥250

h

雨水管
（见单项工程设计）

保温层构造 ⑦/一

女儿墙 ③

平屋面檐口、女儿墙做法	图集号	川15J115-TJ
审核 廖莎	校对 杨容	设计 何玲玲	页次 15

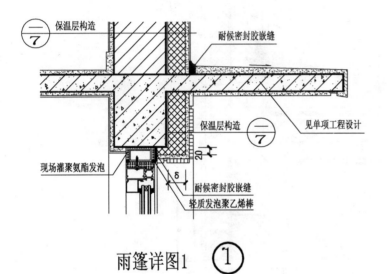

保温层构造

耐候密封胶嵌缝

保温层构造

见单项工程设计

现场灌聚氨酯发泡

20

δ

耐候密封胶嵌缝

轻质发泡聚乙烯棒

雨篷详图1 ①

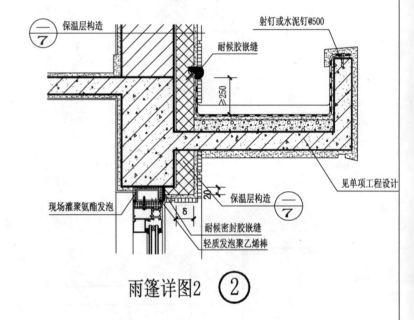

保温层构造

射钉或水泥钉@500

耐候胶嵌缝

≥250

现场灌聚氨酯发泡

20

保温层构造

见单项工程设计

δ

耐候密封胶嵌缝

轻质发泡聚乙烯棒

雨篷详图2 ②

雨篷做法	图集号	川15J115-TJ
审核 廖莎	校对 杨容 设计 何玲玲	页次 16

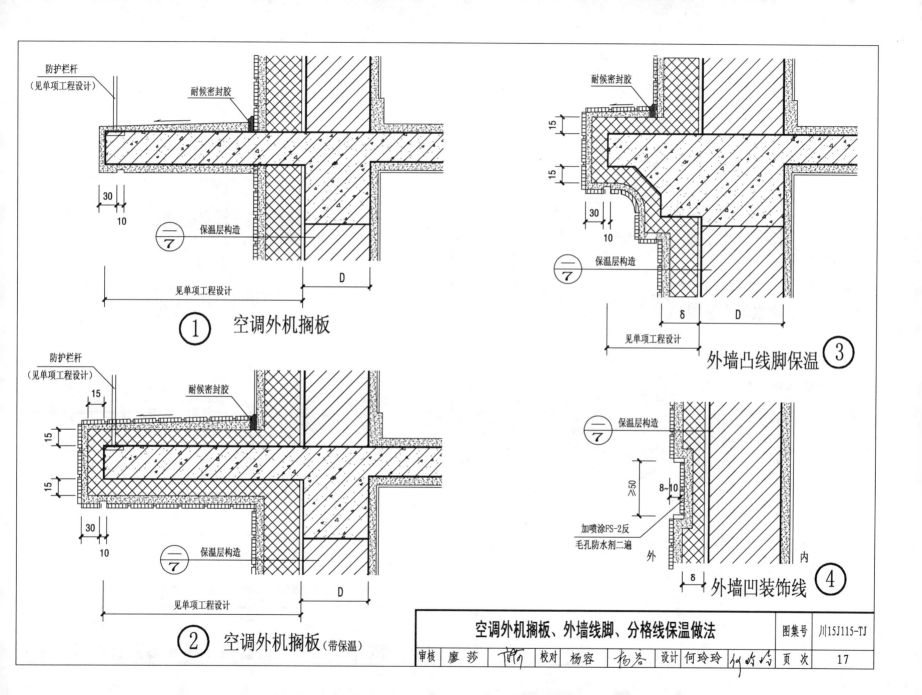

防护栏杆
（见单项工程设计）

耐候密封胶

30
10

保温层构造

见单项工程设计

D

① 空调外机搁板

防护栏杆
（见单项工程设计）

耐候密封胶

15

15

15

30
10

保温层构造

见单项工程设计

D

② 空调外机搁板（带保温）

耐候密封胶

15

15

30
10

保温层构造

见单项工程设计

δ

D

外墙凸线脚保温 ③

保温层构造

≥50

8~10

加喷涂FS-2反

毛孔防水剂二遍

外

内

δ

外墙凹装饰线 ④

空调外机搁板、外墙线脚、分格线保温做法	图集号	川15J115-TJ
审核 廖莎 校对 杨容 设计 何玲玲	页次	17

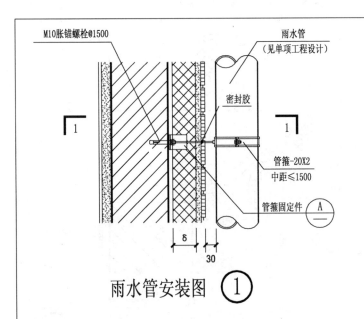

雨水管安装图 ①

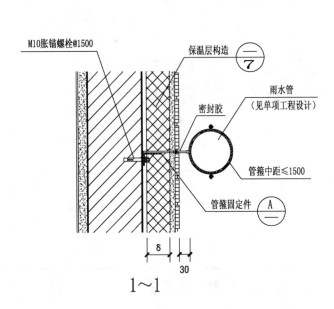

1~1

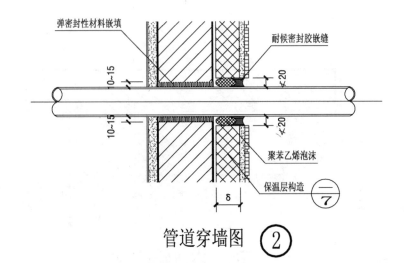

管道穿墙图 ②

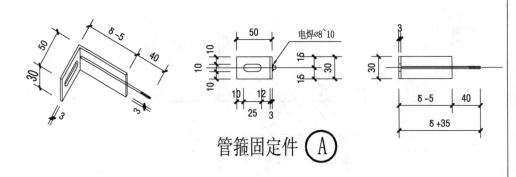

管箍固定件 Ⓐ

说明: 1.图示雨水管和管箍采用成品,其它材料配件见安装要求。
2.应在外墙保温材料施工前,将管箍固定件准确就位于墙面,
并保护其不受扰动。
3.固定件的螺栓及管箍配件,订货时其长度应满足本图要求。

雨水管安装、管道穿墙	图集号	川15J115-TJ

审核	廖莎		校对	杨容		设计	何玲玲		页次	18

公 司 简 介

　　节能绿色环保产品——瓷砖饰面发泡硅酸盐水泥保温板，是绵阳市科成建材有限责任公司在绵阳市涪城区科技局、绵阳市涪城区工信局和西南科技大学等单位的大力支持、协助下，自主创新研发的新技术、新材料；2011年12月已取得国家发明专利，2013年2月5日取得了《四川省建设领域科技成果或应用技术备案证书》，并已面向市场销售。

　　绵阳市科成建材有限责任公司主要生产、销售外墙保温材料，公司技术人员经过多年的探索和实践，在传统的外墙保温和瓷砖装饰的基础上，以一种全新的施工理念为指导，研制出了"瓷砖饰面发泡硅酸盐水泥保温板"的生产技术、施工技术和成套产品生产流程，并通过了四川省住房和城乡建设厅科学成果鉴定，使建筑物外墙保温与装饰达到一体化、成品化，从而改变了传统的外墙保温和外墙装饰手工作业模式，极大地简化了施工工序，缩短了施工工期，同时在施工质量及安全体系上得到了有力的保障，降低了建筑外墙保温及装饰系统综合成本40%左右，产品规格、颜色可任意选择，完全满足保温装饰复合板的大众化、高性价比的市场需求。

　　"瓷砖饰面发泡硅酸盐水泥保温板"面市以来，得到了社会各界一致好评和广泛应用，公司现有生产发泡水泥保温板全自动生产线两条，可日产发泡水泥保温板400 m³；瓷砖饰面硅酸盐水泥保温板生产线六条，可日产瓷砖饰面发泡硅酸盐水泥保温板5000 m²，公司已通过ISO9001—2000质量体系认证，产品已形成规模化生产，可保质、保量地在建筑工程中使用。

　　绵阳市科成建材有限责任公司全体员工愿同社会各界同仁携手并进，竭诚向客户提供最优质的产品和服务。"顾客至上"始终是我们的行为准则。"质量是立业之本；管理是强业之路；效益是兴业之源"是我们公司的经营理念，我们正以优异的质量、完善的服务，不断开拓市场，满足顾客新的期望和要求。

　　　地址：石塘工业园区68号
　　　联系电话：0816-2399388　13808111383
　　　成都市办事处：长庆路1号
　　　联系电话：028-87635881　13060064057

相关技术资料				图集号	川15J115-TJ
审核	廖莎	校对	杨容	设计 何玲玲	页次 19